Michael Kürschner

Mein
Degu zu Hause

Ulmer

Mein Degu zu Hause

Inhaltsverzeichnis

| Vorwort | 4 |

Herkunft und Systematik	**6**
Die Heimat der Degus	6
Zoologische Systematik	8
Der Degu auf einen Blick	9

Überlegungen vor dem Kauf	**14**
Für wen sind Degus geeignet?	14
Brauchen Degus Gesellschaft?	15
Welche Lebenserwartung hat ein Degu?	16
Der richtige Standort für die Unterbringung	17

Anschaffung	**18**
Zoofachhandel	18
Züchter	18
Tipps zum Degukauf	19
Gruppe	19
Wesen	19
Männchen oder Weibchen?	19

Pflege und Unterbringung	**20**
Das richtige Heim für unsere Degus	20
Degukäfig	21
Voliere	22
Aquarium	22
Terrarium	23

Zubehör	**24**
Einstreu	24
Futternapf	25
Trinknapf oder Trinkflasche	25
Sandbad	26
Deguhäuschen	27
Laufräder	28
Nützliche Dekorationen	28

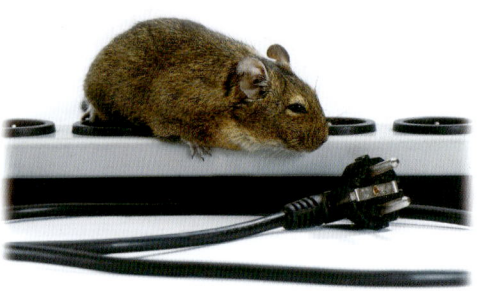

Erfolgstipps zur Haltung und Pflege — 29

Ernährung und Ernährungsgrundsätze — 30
Richtig füttern — 30
Das verschiedenartige Degufutter — 34
    Heu — 34
    Hauptfutter — 35
    Frische Grünkost — 36
    Leckerbissen — 37
    Trinken — 39

Verhalten — 40
Gruppentiere – bitte keine Einzelhaltung! — 40
Lautsprache und Körpersprache — 40
Aktiv und neugierig — 42

Erste Hilfe und Gesundheitsvorsorge — 44
Mögliche Krankheitsursachen — 45
Auch Degus können unter Stress leiden — 46
Ursachen für Stress — 46
Die wichtigsten Krankheitsanzeichen — 47
Mögliche Erkrankungen — 48
Verabreichen von Arzneien — 53
Gesundheitliche Gefahren für den Degu — 53
Hinweise zu Gefährdungen beim Freilauf — 53

Zucht — 55
Überlegungen vor der Zucht — 55
Geschlechtsunterschied — 58
Geschlechtsreife — 58
Der weibliche Zyklus und die Paarung — 59
Das trächtige Weibchen und sein Nachwuchs — 62

Anhang, Literatur und Adressen — 64

Vorwort

Wer hätte es vor Jahrzehnten geahnt, dass die kleinen Nager sich zu den beliebtesten Heimtieren entwickeln würde. Schon als Kind hatte ich eine Vorliebe für die possierlichen und interessanten Kleinsäuger entwickelt, aber es blieb lange Zeit bei Meerschweinchen, Hamster und Mäusen. Auch Kaninchen und ihre züchterische Entwicklung zum Zwergkaninchen waren gefragt, doch viele uns heute sehr bekannten Kleinsäugerarten waren in der Welt der Heimtiere noch unbekannt. Es war den zoologischen Gärten vorbehalten, viele Arten vorzustellen, und der interessierte Blick ins Tierlexikon ließ ahnen, welche riesige Vielfalt es unter den Kleinsäugern gibt.
Es mag wohl auch an der Entwicklung unserer Gesellschaft liegen, dass der Wunsch nach einem Heimtier wächst. Wie sollte man sich sonst erklären, dass die Industrie für den Zoobedarf den Kleinsäuger favorisiert und die Nachfrage ständig steigt.

Oftmals ist das Leben mit einem liebenswürdigen Heimtier die einzige Brücke zum Verständnis für die Natur und ein angenehmer Ausgleich im hektischen Alltag unserer Gesellschaft.
Tiere, die einzeln gehalten werden, verlangen oftmals eine hohe Verantwortung für die Pflege und viel Beschäftigung. Auch wenn ein Wunsch nach einem Heimtier besteht, erlauben die Lebensumstände nicht immer, sich intensiv um ein einzelnes Tier zu kümmern, wenn es artgerecht gehalten werden soll.
Die kleinen Nager eröffnen jedoch viele Möglichkeiten, sich den Wünschen nach einem Tier im Haus zu stellen. Kleinsäuger, die in Gruppen leben, haben daher eine ungeahnte Zukunft. Die Vorteile liegen auf der Hand, weil man die Tiere auch einmal unbeaufsichtigt in ihrer Anlage belassen kann. Eine seelische Vereinsamung ist ausgeschlossen und man kann seine Zeit für die Pflege und Beschäftigung leichter einteilen.

Vorwort

Wenn Eltern ihren Kindern hierbei etwas Hilfestellung bieten, kann es für ein tierliebendes Kind auch der Anfang zu einer verantwortungsbewussten Haltung zum Wohl der Tiere sein.

Mit einem Degu wird es nie langweilig oder eintönig, denn Degus sind agile, lebenslustige und neugierige Gesellen, die in ihrer Lebensart für viel Abwechslung und Unterhaltung sorgen können. Ihre Lebenserwartung liegt deutlich über der anderer Kleinnager und zu unserem Vorteil zeigen sie ihre Aktivitäten fast zu jeder Tageszeit.

Ich erinnere mich noch sehr genau an meine ersten Kontakte mit Degus, die ich 1989 in einem großen Zoofachgeschäft erlebt hatte. Zu diesem Zeitpunkt waren Degus noch eine relativ unbekannte Heimtierart und niemand ahnte, dass sie schnell die Herzen der Nagerfreunde erobern würden. Meine erste Begegnung waren vier Jungtiere, die mich in ihrer Art begeisterten und bis zum heutigen Tage entwickelte sich mein Interesse an dieser Tierart mit Leidenschaft weiter.

Dieses Buch will nun versuchen, eine artgerechte Welt der Degus näher zu bringen und als Ratgeber die wichtigsten Fragen zur Haltung und Pflege zu beantworten, damit der Tierfreund viel Freude mit den geselligen Nagern hat.

Unter der Voraussetzung einer artgerechten Unterbringung kann jeder der Verantwortung gegenüber dem Tier gerecht werden und die Freude an den Mitgeschöpfen in der eigenen Wohnwelt auf angenehmer Weise genießen.

Aus der Vielfalt der Kleintierwelt bietet sich der Degu als ideales Heimtier an. Er liebt das soziale Gruppenleben, hat eine ansprechende Größe, kann sich mit seinen Artgenossen ausgezeichnet beschäftigen, wird leicht zahm und sehr zutraulich.

Diese Vorzüge und sein possierliches Aussehen, das an verschiedene Nagerarten erinnert, machen den Degu nicht nur für Erwachsene, sondern auch für Jugendliche, zu einem angenehmen Haustier.

Herkunft und Systematik

Die Heimat der Degus

Die kleinen, possierlichen Nager sind im südamerikanischen Chile beheimatet. Dort sind Degus in den Küstenregionen von Nord- und Zentralchile genauso anzutreffen wie in den Anden bis in Höhen von 3 000 m. Sie leben überwiegend in Graslandschaften im offenen Gelände mit Hecken und Büschen, oftmals aber auch in der Nähe von Felsen. Degus gehören nicht zu den seltenen Nagern, weil sie in ihrer Lebensweise sehr anpassungsfähig sind.

Seit ihrer Entdeckung in der Mitte des 18. Jahrhunderts haben sie sich zu richtigen Kulturfolgern entwickelt, denn man trifft sie auch in unmittelbarer Nähe von Städten und überall dort, wo Menschen landwirtschaftlichen Anbau betreiben. Auch wenn man in ihren unterirdischen Vorratskammern Getreidesamen finden kann und ihre Lieblingsspeisen oftmals aus den Früchten der Kaktusplantagen und den Weinbergen stammen, sind sie keine „Schädlinge", wofür sie allerdings häufig von der heimischen Bevölkerung gehalten werden. Gräser, Samen und Wurzeln sind und bleiben die Hauptnahrung der Degus.

Die Heimat der Degus

In ihrer natürlichen Lebensweise bilden Degus kleine Familiengruppen von jeweils fünf bis zehn Tieren, die auch Kolonien bilden können, die aber im Gesamtterritorium kleine Eigenbezirke bilden. Auch wenn die Sippen eng beieinander leben, dulden sie keine Mitglieder fremder Gruppen und Familien. Sie verteidigen sehr energisch ihre kleinen Eigenbezirke, in denen sie weit verzweigte unterirdische Baue anlegen. Jeder Bau hat ähnlich einem Tunnelsystem auch verschiedene Aus- und Eingänge, die mit einem Hügel versehen werden. Diese erhöhte Plattform wird aus der herausgeschaufelten Erde gebaut. Damit auch jeder Fremde gleich bemerkt, wem dieser Erdbau gehört, wird die Plattform von den Männchen markiert und mit kleinen Steinen, Hölzern und anderen Pflanzenteilen geschmückt. Die Besitzstandsregelung wird bei den Degus sehr ernst genommen und das Revier wird von den Männchen energisch verteidigt. Auch was artfremde Feinde betrifft, ist die Plattform für eine bessere Sichtweite ein ideales Frühwarnsystem. Droht Gefahr, geben die männlichen Führer sehr laute Warnrufe ab und eine ganze Kolonie verschwindet im unterirdischen Bausystem. Ihre Erdhöhlen sind sehr gemütlich und geräumig angelegt. Bis zu 40 x 40 cm können die mit Heu ausgepolsterten Aufenthaltskammern groß sein und aus Sicherheitsgründen sind sie alle weiträumig mit Gängen verbunden.

Dass Degus ihre Kolonien auch gern in der Nähe von Buschwerk anlegen, ist auch ein Beweiß dafür, dass sie ausgezeichnete Kletterer sind und ihre Nahrung nicht selten auch auf kleinen Bäumen, Hecken und Büschen suchen. Solch ein Pflanzendickicht kann aber auch Schutz vor Raubfeinden aus der Luft sein, denn Greifvögel gehören zu den Hauptfeinden der Degus.

Im Gegensatz zu vielen anderen Nagetieren, sind Degus ohne Zweifel tagaktivere Tiere. In der Wildnis nutzen sie die frühen Morgen- und die späten Nachmittagsstunden zur Nahrungssuche. Ruhezeiten liegen sowohl in den Tages- als auch in den Nachtzeiten. Ähnlich verhält es sich auch bei unseren Degus, die wir als Heimtiere halten. Am Tage sind sie sehr aktiv, aber schlafen auch zeitweise, und in der Nacht ist das Verhältnis nicht anders. Nicht selten erlebt man sie spielend im Sonnenlicht des Tages und vernimmt aktive Geräusche in der Nacht.

Als Heimtiere sind Degus absolute Neulinge in unseren Wohnzimmern, denn erst 1975 kamen die ersten Tiere nach Deutschland. Obwohl auch viele Wildfänge aus Südamerika gehandelt wurden, kamen die meisten anderen Degus aus den USA, wo sie ursprünglich auch als Labortiere in der medizinischen Diabetesforschung eingesetzt wurden. Zum großen Glück der Degus kann man aber heute – fast dreißig Jahre später – festhalten, dass der Nachschub mit ehemaligen Labortieren aus den USA eingestellt wurde und die Zahl der Wildfänge aus Chile drastisch abnimmt. Es ist der hohen Fruchtbarkeit der Degus zu verdanken, dass wir jetzt in Mitteleuropa viel zahmen Nachwuchs haben, der die Beliebtheit dieser interessanten und sozialen Tierart fördert – und ich bin mir sehr sicher, dass die Degus unter all den vielen Nagerarten eine erfolgreiche Zukunft als Heimtier erleben werden.

Herkunft und Systematik

Zoologische Systematik

Nahe Verwandte des Degus sind der Corura und der Bori, ebenfalls zwei Nagerarten aus Chile, die als Heimtiere jedoch unbekannt sind und sich nicht als Streicheltiere eignen. Vom Aussehen könnte man fast meinen, dass die Chinchillas und Ratten die Verwandtschaft zum Degu bilden. Man sollte sich jedoch nicht täuschen lassen, denn zoologisch gehören sie weitläufig in die Unterordnung der Meerschweinchenartigen, zu denen auch die Familie der Trugratten, Octodontidae, gehört. Die deutsche Bezeichnung ist etwas irreführend, denn mit Ratten haben sie nichts gemeinsam. Die wissenschaftliche Bezeichnung Octodontidae bedeutet übersetzt nichts anderes als „Achtzähner" und bezieht sich auf die Kaufläche der Backenzähne, die in ihrer Form einer Acht ähnlich sehen. Alle Nager mit derartigen Backenzähnen gehören also zu den Trugratten wie der Degu, *Octodon degu*. Ob diese wissenschaftliche Einteilung letztendlich auch für die Zukunft seine Gültigkeit haben wird, ist noch nicht gesichert. Von der Zeit ihrer Entdeckung in der Mitte des 18. Jahrhunderts, als die Degus noch für Hörnchenartige gehalten wurden, gab es bis heute immer wieder verschiedene Theorien für eine zoologische Eingliederung der Degus.

Die neuesten Untersuchungen gehen sogar von einer Möglichkeit aus, dass die Degus in einer eigenen Unterordnung eingeteilt werden sollten, weil sich durch DNA-Analysen eigene Besonderheiten der Degus ergeben haben.

Klasse
  … Säugetiere – Mammalia
Überordnung
  … Höhere Säugetiere – Eutheria
Ordnung
  … Nagetiere – Rodentia
Unterordnung
  … Meerschweinartige – Caviomorpha
Familie
  … Trugrattenartige – Octodontidae
Gattung
  … Strauchratten – *Octodon*
Art
  … Degu – *Octodon degu*

Auch wenn die zoologische Systematik der Degus noch nicht endgültig geklärt sein sollte, ihre biologischen Eigenschaften von der Anatomie, über das Verhalten bis hin zur Zucht sind weitestgehend bekannt – und darauf kommt es uns besonders an, wenn wir diese faszinierenden Kleinsäuger als Heimtiere pflegen wollen.

Der Degu auf einen Blick

Für viele Tierfreunde ist der Degu noch immer ein unbekanntes Wesen. Oftmals werden sie auch als Mini-Chinchilla gesehen, mit der Behändigkeit von Rennmäusen, und andere glauben bei bestimmten Körperhaltungen der Degus, auch ein Hörnchen gesehen zu haben. Aber auch in einigen Zoohandlungen ist leider noch immer nicht garantiert, dass man eine genaue Artbeschreibung erhält, weshalb eine sachliche Aufklärung für diese inzwischen häufiger gepflegten Nagerart mir sehr wichtig erscheint. Doch bevor wir uns näher und ausführlicher mit den Lebensbedingungen der Degus beschäftigen, hier schon mal eine Kurzfassung der wesentlichsten Angaben aus der Welt der Degus.

Herkunft:
Chile

Körperbau:
Wie alle Trugrattenarten ist der Degu in seinen Proportionen und der Größe rattenähnlich, hat einen gedrungenen Körper und einen kurzen Hals mit einem abgerundeten und verhältnismäßig großen Kopf, der mit langen Tasthaaren versehen ist. Der lange Schwanz ist völlig behaart, mit einer pinselartigen Quaste an der Spitze.

Fellfärbung:
Das Fell erscheint braun-schwarz-meliert, wobei die Basis der Haare dunkler ist und in der Länge in ein rötliches Braun übergeht. Die Bauchpartie ist hellgrau bis beige gefärbt. Unter den Füßen ist das Fell fast völlig weiß und die Fußsohlen sind unbehaart. Unter den Heimtierdegus soll es inzwischen auch schon Farbschläge in Blau geben. Da Degus noch in den Anfängen ihrer Zuchtentwicklung stehen, wird es wohl nicht mehr sehr lange dauern, bis wir ähnlich dem Chinchilla und anderen Nagern verschiedene Farbvarianten herauszüchten können.

Herkunft und Systematik

Größe (Kopf-Rumpflänge):
etwa 15 cm

Schwanzlänge:
etwa 12 bis 13 cm

Gewicht:
zwischen 200 und 300 g

Körpertemperatur:
38 bis 39,5 °C

Lebenserwartung:
drei bis fünf Jahre; es sind mir auch Degus bekannt, die ein Alter von sechs und sieben Jahren erreichten.

Verhalten:
Degus sind sehr gesellige Nager, mit einem stark ausgeprägten Sozialverhalten. Einzelhaltung ist daher auf keinem Fall zu empfehlen. Paarhaltung oder eine Gruppe von Tieren ist für das gesellschaftliche Leben notwendig. Degus sind auch am Tage aktiv.

Geschlechtsreife
Weibchen: sechs bis sieben Wochen
Männchen: nach drei Monaten

Paarungszeit:
Frühjahr und Herbst verstärkt, als Heimtier ganzjährig; Weibchen haben einen etwa Drei-Wochen-Zyklus.

Tragzeit:
etwa drei Monate

Anzahl der Jungen:
eins bis acht; der Durchschnitt liegt aber bei drei bis fünf Jungtieren pro Wurf.

Säugezeit:
etwa vier Wochen

Würfe pro Jahr:
Drei Würfe wären möglich.

Der Degu auf einen Blick

Überlegungen vor dem Kauf

Für wen sind Degus geeignet?

Wenn man die Absicht hat, sich ein Tier anzuschaffen, sollte es nie ein Spontankauf sein. Auch wenn der niedliche Anblick der Degus im Zoogeschäft noch so verführerisch erscheinen mag, ist die Anschaffung eines Tiers eine Verpflichtung, die man für Jahre eingeht. Selbst wenn die Ansprüche eines Degus als gering eingestuft werden, entstehen Arbeiten und Verpflichtungen, die sehr gewissenhaft und regelmäßig erledigt werden müssen. Entscheiden Sie deshalb bitte vorher, ob Sie die anfallenden Aufgaben als Verpflichtung für das Tier langfristig erfüllen können. Tiere sind keine Umtauschware, die man je nach Geschmack und Laune auswechseln kann. Tierheime und viele Internetseiten sind voll mit Tieren in Not und all die Betroffenen können von diesen traurigen Verhältnissen berichten, was aus Spontankäufen werden kann. Ähnlich sieht es auch mit all den Tieren aus, die als „gute Idee" verschenkt werden und der Beschenkte hat oftmals keine Verwendung dafür, auch wenn er sich anfangs vielleicht gern bemühen möchte.

Sollte man die Absicht haben, eine Degugruppe zu verschenken, spricht nichts dagegen, wenn der dringende Wunsch des zu Beschenkenden vorliegt. Ist dies nicht der Fall, dann sollte man Abstand nehmen und erst das klärende Gespräch mit demjenigen suchen, der eine Degugruppe geschenkt bekommen soll.

Sollte ein Degu aber zu Ihren Wunschtieren gehören, so kann die Beantwortung der folgenden sechs einfachen Fragen Klarheit schaffen, ob man sich Degus halten kann:

SIND SIE BEREIT FÜR EINEN DEGU?

Kann die artgerechte und tägliche Pflege und Fütterung der Degus gewährleistet werden?

Haben Sie auch die Zeit, sich mit den Tieren zu beschäftigen? Wenn Degus zahm werden sollen, brauchen sie auch den notwendigen Kontakt zum Menschen.

Haben Sie einen ausreichenden Platz für den großräumigen Degukäfig?

Können Sie es ertragen, wenn Sägespäne und Futterreste aus dem Käfig heraus auf den Boden fallen?

Haben Sie das notwendige Verständnis, dass im Krankheitsfall ein Degu auch in tierärztliche Behandlung kommen muss und medizinische Versorgung eine besondere Pflege beanspruchen kann?

Was machen Sie mit Ihrem Degu, wenn Sie in den Urlaub fahren? Wer kann sich dann um Ihre Tiere kümmern und sie artgerecht versorgen?

Sind auch andere Familienangehörige für die Anschaffung einer Degugruppe zu begeistern? Man sollte nicht unterschätzen, dass auch weitere Mitglieder der Familie in die Situation kommen können, Ihre Degus zu versorgen.

Die aufrichtige Beantwortung dieser Fragen sollte immer vor der Entscheidung über eine Anschaffung stehen. Wenn keine Zweifel mehr bestehen, dann kann man in aller Ruhe den Erwerb der Degus vorbereiten. Nur so ist eine artgerechte Haltung der Degus über viele Jahre zum Wohlergehen der Tiere und zur Freude des Besitzers auch gewährleistet.

Brauchen Degus Gesellschaft?

Die kleinen pelzigen Hausgenossen haben ein ausgeprägtes Sozialverhalten und sind daher nicht für eine lebenslange Einzelhaltung geeignet. Im guten Zoofachhandel werden Degus heute oft nur ab einer Paarhaltung abgegeben und das hat auch seinen guten Grund, wenn man eine artgerechte Haltung gewährleisten will. Der Gedanke, wenn man sich intensiv mit dem Tier beschäftigt, müsste es ausreichen, ist leider ein Irrtum, denn das Verhalten der Tiere untereinander ist so intensiv und geprägt von der Gesellschaft, dass mindestens eine Zweisamkeit notwendig ist, damit ein Degu sich auch so richtig wohl fühlen kann. Viele mir bekannte Degubesitzer haben oftmals Gruppen von zwei bis vier Tieren. Meinungsumfragen unter Degufreunden belegen die These, dass die Zufriedenheit der Degus auch mit der Größe der Gruppe wächst. Die Möglichkeit einer Zahmheit zum Pfleger ist auch bei einer Gruppenhaltung nicht ausgeschlossen. Beschäftige ich mich mit meinen Tieren häufig und intensiv, so erhalte ich trotzdem zahme Degus zum Knuddeln und Streicheln. So eine Gruppe erkennt dann sehr schnell, dass das Vertrauen zum Pfleger ihnen Vorteile verschafft – und ist erst ein Degu zahm, so folgt rasch die ganze Gruppe, weil die Neugierde unter den Degus nach meiner Erfahrung sehr stark ausgeprägt ist.

▶ **ERFOLGSTIPP**

Eine Gruppe von Jungtieren zusammensetzen und die Harmonie der Gemeinschaft wächst sehr schnell zusammen. So eine Gruppe kann sich so gut verstehen, dass sie schon fast wie Unzertrennliche in Erscheinung treten.

▶ **VORSICHT!**

Eine Gruppe aus älteren Tieren ist nicht so leicht zu vergesellschaften und erfordert viel Fingerspitzengefühl vom Degufreund. Weil sich solch eine Gruppe zusammenraufen muss, besteht das Risiko, dass vereinzelte Gruppenmitglieder auch schwere Verletzungen davontragen können.

Überlegungen vor dem Kauf

» Die freundlichen Degus sind nur in der Gruppe rundum zufrieden.

Sollten Sie mit dem Gedanken spielen, sich ein Degupärchen anzuschaffen, so dürfen Sie die Frage, was mit dem Nachwuchs geschehen soll, nicht aus den Augen verlieren. Der Freundes- und Bekanntenkreis ist rasch versorgt und nicht jeder kennt einen guten Zoohändler, der gewillt ist, den überzähligen Nachwuchs abzunehmen.

Damit dem erzeugten Degunachwuchs kein ungewisses Schicksal bevorsteht, sollten Sie schon frühzeitig eine gute Abgabe der Jungtiere organisieren. Zoohändler nehmen im Allgemeinen gern von Privat, weil Aufzucht und Pflege häufig eine hohe Qualität haben und ein Versand der Tiere verhindert wird.

Welche Lebenserwartung hat ein Degu?

Erfüllen Sie einem Degu all seine artgerechten Bedingungen, so können die kleinen Nager ein wesentlich höheres Alter als Mäuse, Gerbile oder Hamster erreichen. Vier bis sechs Lebensjahre sind keine Seltenheit. Es soll auch Degus geben, die das sehr hohe Alter von acht Jahren erreicht haben. Durch diese relativ hohe Lebenserwartung eines Kleinsäugers gehören die Degus zu den langlebigen Kleinnagern. Vorausgesetzt, ein Degu erleidet keine das Leben verkürzende Krankheit (zum Beispiel Diabetes), ist die optimale Art der Ernährung der Garant für die Gesundheit. Je älter ein Degu wird, desto mehr muss man darauf achten, dass das Futter relativ fett- und zuckerarm gegeben wird, es kommt jetzt mehr auf die Qualität, als auf die Menge an. Heu wird gerade im hohen Alter zu einer wichtigen Nahrungsgrundlage.

In einer Gruppe ist die durchschnittliche Lebenserwartung einzelner Tiere oftmals höher zu erwarten, als wenn Einzeltiere als Rest einer Gruppe allein verbleiben müssen. Auch ein Zeichen dafür, wie wichtig es ist, wenn man sich eine schöne Gruppe von Anfang an zusammenstellt.

Der richtige Standort für die Unterbringung

Der richtige Standort für die Unterbringung

Damit sich die Degus richtig wohl fühlen, sollte der Standort ihren Bedürfnissen angepasst werden. Ob Käfig, Aquarium oder Terrarium, alle Behältnisse sollten nicht in ummittelbarer Heizkörpernähe deponiert werden. In den Zeiten der Heizperioden würde Stauwärme und eine zu hohe Trockenheit entstehen, die den Tieren nicht bekommen würde. Was bei einem Aquarium oder Terrarium weniger eine Gefahr darstellt, kann bei einer Käfighaltung fatale Folgen haben, nämlich wenn die Unterbringung regelmäßiger Zugluft ausgesetzt sein würde. Sie wird oftmals unterschätzt und kann das gesundheitliche Wohlbefinden der Tiere empfindlich stören.

Degus lieben eine helle Räumlichkeit, mit einem normalen und durchschnittlichen Raumklima von 18 bis 21 °C. Ihr dichtes Fell würde sie eher vor etwas niedrigeren Temperaturen schützen als vor großer Hitze. Temperaturen von weit überhöhter Zimmertemperatur können dann für die Degus unangenehm sein, wenn sie in Terrarien oder Aquarien untergebracht sind. Hier besteht die Gefahr einer Stauwärme. Degus lieben zwar das Sonnenlicht, doch der dauerhafte Standort eines Südfensters könnte im Sommer erheblich zu viel des Guten sein, wenn die Degus dem nicht ausweichen können. Doch im Grundsatz lautet die Devise: eher natürliches Sonnenlicht als künstliche Lichtquellen.

Zu einem gesunden Raumklima gehört ohne Zweifel auch frische Luft und verrauchte Räumlichkeiten sind kein geeigneter Aufenthalt für einen Degu. Doch auch andere Standorte sind für eine Unterbringung völlig ungeeignet: Dachböden ohne Isolierung gegen Hitze, Kälte und Feuchtigkeit, Waschküchen, feuchte und dunkle Kellerräume, Heizungskeller, zugige Flure, Küchen und Badezimmer, Garagen und gegen Feuchtigkeit schlecht isolierte Stallungen.

Desweiteren sollten laute Geräuschkulissen nicht in unmittelbarer Nähe sein. Degus lassen sich zwar auch gerne von leiser Musik berieseln, doch sollten Lautsprecherboxen, Fernseher und Ähnliches entfernt von der Unterbringung der Degus aufgebaut sein. Gerade im Zimmer von Jugendlichen, wo schon mal lautstarke Musik abgespielt werden kann, ist ein Degu nicht optimal untergebracht. Hier muss man schon Rücksicht auf die Tiere nehmen. Häufiger Lärm kann auch bei den Degus Stress verursachen und eine erhöhte Reizbarkeit auslösen.

Beachtet man in der Standortfrage alle wichtigen Hinweise, so wird man schnell bemerken, dass die Unterbringung keinesfalls ein Problem darstellt und sich alles viel leichter umsetzen lässt.

> **ERFOLGSTIPP**
>
> Doch zu guter Letzt noch ein Tipp, der den Tieren bei der Unterbringung mehr Schutz bietet: Gleichgültig was für einen Behälter man auch wählt, eine Seite sollte immer zur Wand gerichtet sein, denn in einem freien Raum untergebracht, fühlen sie sich nicht so wohl, weil ihr ausgeprägtes Sicherheitsempfinden darunter leiden könnte. Kann auch dieser Gedanke umgesetzt werden, steht wohl einer richtigen Auswahl des Standorts nichts mehr im Wege.

Anschaffung

Der Kauf von Tieren ist Vertrauenssache und sollte wohl überlegt sein. Spontaneinkäufe oder ein Erwerb aus Mitleid sind selten mit Vernunft verbunden. Vor allem der interessierte Anfänger sollte sich vor einer Anschaffung gut informieren.

Zoofachhandel

Wenn Degus im Zoohandel auftauchen, ist nicht immer gewährleistet, dass die Informationen des Händlers auch stimmen und die Gesundheit und das Verhalten der Tiere auch artgerecht erscheint. Mitleid ist daher kein guter Berater, weil schon wenige Tage nach so einem moralisch noch so ehrenhaften Kauf der Händler erneut Degus in seinem Verkaufsangebot hat. Ein gutes Zoofachgeschäft hat geschultes Personal und steht schon bei Interesse mit Rat und Tat zur Seite. Ausführliche Auskünfte, Literaturangebote und ein umfangreiches Zubehörsortiment für Degus sind eine gute Ausgangsposition, ein Tier zu erwerben.

Sollte im Moment der Nachfrage kein Degu vorrätig sein, so wird man Ihnen im guten Zoofachgeschäft gern behilflich sein und nach Ihren Wünschen und Vorstellungen Degus bestellen. Solch eine Bestellung verpflichtet nicht zum Kauf. Man hat dann aber die Möglichkeit, sich seine Degus aus einer Gruppe von Jungtieren auszusuchen und sie zu begutachten.

Züchter

Eine Möglichkeit, Degus zu erhalten, ist natürlich immer der so genannte Direktkauf beim Züchter oder bei befreundeten Deguhaltern, die eine ausreichende Anzahl an Jungtieren haben. Hier kann man viel über die Lebensbedingungen der Tiere erfahren und vieles davon für die eigene Haltung und Pflege übernehmen, damit die Umsiedlung für die Degus wesentlich erleichtert werden kann.

Nach meinen Erfahrungen liegt der Anschaffungspreis für einen Degu zwischen 15 und 30 Euro und von privat sind die Tiere oftmals günstiger zu erhalten. Da man aber nur in äußerst seltenen Fällen einen einzelnen Degu erwirbt, werden häufig Preise für eine Gruppe angegeben, dann entscheidet natürlich die Größe der Gruppe den Gesamtpreis.

Ist der Entschluss, sich Degus anzuschaffen, ausgereift und möchte man den Wunsch in die Tat umsetzen, beachte man folgende Hinweise für einen zufrieden stellenden Erwerb der Tiere, denn in dieser Phase entscheidet man sich für ein jahrelanges Leben mit diesen niedlichen und hochinteressanten Nagern:

▶ TIPPS ZUM ERFOLGREICHEN DEGUKAUF

Nehmen Sie sich viel Zeit und handeln Sie bitte nicht übereilt und spontan!

Erwerben Sie Ihre Tiere am Tage, wenn diese aktiv sind, es kann die Eingewöhnung erleichtern!

Kontrollieren Sie das gereichte Futter und achten Sie auf die Zusammenstellung!

Beachten Sie die Sauberkeit der Tiere und ihre Umgebung, da die hygienische Unterbringung der Tiere für die Gesundheit entscheidend sein kann!

GESUNDHEITS-CHECK:

Der Kot von gesunden Tieren sollte trocken und fest sein. Gibt es Hinweise auf glänzenden und feuchten Kot, so bestehen gesundheitliche Bedenken für einen Kauf. Das zarte Fell in der Afterregion muss weich und trocken sein und darf keinerlei Hinweise auf Verklebungen geben.

Trinken die Degus übermäßig viel, so ist Vorsicht geboten, da ein Verdacht auf die Zuckerkrankheit bestehen kann.

Die Augen sollten klar und dunkel erscheinen und im wachen Zustand der Tiere nicht verkniffen sein. Sind gar Sekretabsonderungen zu beobachten, so sollte beim Kauf Zurückhaltung geübt werden.

Ein gesundes Fell wirkt glänzend, es sollte weder stumpf noch struppig sein. Kahlstellen können auf den Gesundheitszustand der Tiere schließen lassen. Falsche Ernährung oder Krankheiten können die Ursache sein. Auch Verhaltensstörungen können im Extremfall zum Fellbeißen führen und Kahlstellen verursachen.

Gruppe

Wenn man sich eine Gruppe zusammenstellen will, sollte man unbedingt auf die Verträglichkeit der Tiere achten. Meiden die Degus untereinander den Kontakt oder gibt es gar den Verdacht leichter Bissverletzungen, dann sollte Abstand genommen werden.

Wesen

Jedes Tier sollte ein neugieriges und aktives Verhalten zeigen. Von zu ruhigen und apathisch wirkenden Degus ist genauso abzuraten, wie von überängstlichen, die sich einzeln versteckt halten – nicht zu verwechseln mit der anfänglichen Scheu gegenüber Fremden.

Männchen oder Weibchen?

Hat man sich für die Tiere entschieden, dann sollte man sich am Degu selbst die Geschlechter erklären lassen, wenn man beide Geschlechter in der Gruppe halten möchte. Man beachte aber, dass weibliche Tiere in der Mehrheit sein sollten. Auch bei einer gleichgeschlechtlichen Gruppe sollte man sicher sein, welches von beiden Geschlechtern man erhält.

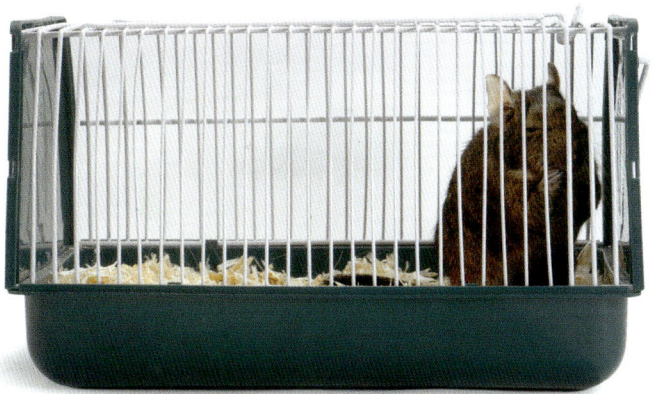

» In diesem Transportkäfig kommt der neue Mitbewohner sicher nach Hause. Sie können die Box auch mit einem Tuch abdunkeln, so fühlt sich der kleine Kerl geborgener.

Pflege und Unterbringung

Niemals darf man beim Planen einer Unterkunft das Nagen der Degus unterschätzen. Käfige aus Holz und Kunststoff werden schnell zernagt und sind völlig ungeeignet. Nagen ist eine Leidenschaft unter den Degus und kaum ein anderes Nagetier kann sich in dieser Eigenschaft mit ihnen messen. Plastikunterschalen für einen Käfig müssen daher besonders geschützt werden; dass man dieses Verhalten berücksichtigen muss, macht die Anschaffung einer Deguwohnung nicht gerade leichter, wenn man absolut sicher gehen will, dass die Unterkunft ausbruchsicher ist und keine Gefahr für die Tiere besteht.

Das richtige Heim für unsere Degus

Möchte man seinen Degus ein artgerechtes Heim zum Wohlfühlen anbieten, so muss man ihre Bedürfnisse beachten. Darüber hinaus sollte eine Deguunterkunft stabil und ausbruchsicher sein. Auch wenn Sie nur zwei Degus pflegen wollen, ein größeres Heim ist wegen des enormen Bewegungsdrangs der Tiere immer von Vorteil. Der Zoohandel bietet heute schon eine Vielfalt von Möglichkeiten an, die den Ansprüchen einer Deguhaltung gerecht werden. Eine nicht geeignete Unterbringung kann leicht zu Verhaltensstörungen führen, weshalb wir sehr großen Wert auf die Größe und die Einrichtung einer „Degu-Wohnung" legen sollten. Klettermöglichkeiten in verschiedenen Ebenen sollten zur Grundeinrichtung gehören, um den Bewegungsdrang der Degus befriedigen zu können. Nach meinen Erfahrungen sind Degus immer besonders dann zufrieden, wenn sie eine übersichtliche Ruheplattform haben, die am höchsten Punkt ihrer Unterkunft angebracht ist. Weil wir Degus niemals als Einzeltiere pflegen, sollten die absoluten Mindestmaße von 100 x 60 x 50 cm für eine Deguunterkunft nicht unterschritten werden, da sich die Tiere wohl fühlen sollen. Für einen Familienverband muss die Unterkunft natürlich großzügiger ausgerichtet sein.

Degukäfig

Fertige Degukäfige gibt es nur sehr selten im Angebot des Fachhandels. In den meisten Fällen dienen Chinchillakäfige als Alternative. Solche Käfige haben ein ausreichendes Maß und die notwendigen Etagen sind meist schon fertig eingerichtet. Die Verdrahtung ist stabil und ein bis zwei große Klappen erlauben ein gutes Hantieren im Käfig für die Pflegemaßnahmen. Ein weiterer Vorteil liegt in der Höhe eines solchen Käfigs, denn sie ermöglicht den Degus ein ausreichendes Klettervergnügen, das man entweder mit großen Holzrampen oder Naturholzstämmen erreicht.

Für ein Degupärchen sollte so ein Chinchillakäfig schon die Maße 100 x 80 x 50 cm aufweisen. Der Nachteil handelsüblicher Käfige ist allerdings die relativ dünne Kunststoffschale am Boden. Sie ist aber nur dann ein Sicherheitsrisiko, wenn die Käfigverdrahtung nicht bis zum Boden reicht. Ist dies nicht der Fall, so empfehle ich immer die Innenseiten der Schale nagersicher mit engmaschigem und bissfestem Käfigdraht zu ummanteln, aber auch mit Blech und anderen Metallen kann man die Unterschale ausbruchssicher gestalten.

Pflege und Unterbringung

Voliere

Eine Voliere (frz. Vogelhaus) bietet viele Möglichkeiten für eine optimale Deguhaltung. Da Volieren fast ausschließlich aus Metall gefertigt sind und mehr Größe als ein Käfig bieten, kann man für die Degus eine gute Einrichtung mit Etagen einbauen. Sie sind ausbruchsicherer und bieten viel Platz für die bewegungsfreudigen Degus. Inzwischen gibt es viele handelsübliche Modelle, die allerdings mehr als Vogelvoliere im Angebot sind. Man sollte sich daher nicht beirren lassen und bei einer Anschaffung etwas improvisieren. Allein die Größe von Zimmervolieren ist beeindruckend und oftmals ist eine solche nicht viel teurer als ein großer Käfig. Mit den durchschnittlichen Maßen von etwa 100 x 150 x 60 cm kann man durchaus schon eine kleine Gruppe von Degus problemlos halten. Man muss jedoch darauf achten, dass die Voliere für die Degus nicht zu kleine Klappen hat, schließlich muss man ja die Einrichtungsgegenstände ohne Schwierigkeiten einbauen können, aber auch die tägliche Versorgung und das Einfangen der Tiere muss ohne Schwierigkeiten möglich sein. Der weitere Vorteil einer Zimmervoliere liegt in der Mobilität, da sie häufig auf feststellbaren Rollen gebaut ist, kann man sie leicht verrücken. Eine Erleichterung für die Reinigung oder bei einem notwendigen Raumwechsel. Desweiteren haben die Volieren häufig eine Überdachung, welche die Degus gerne in der oberen Etage als Schutzecke nutzen. So eine Überdachung kann aber auch nützlich sein, wenn man in den Sommermonaten für die Degus einen Garten, die Terrasse oder den Balkon nutzen kann. Ein angenehmes Klima und frische Luft kommt den Tieren besonders zugute und ist für die Gesundheit nicht zu unterschätzen, wenn die Voliere nicht in der vollen Sonne und windgeschützt aufgestellt werden kann.

Aquarium

Optisch ist die Deguhaltung für den Betrachter in einem Aquarium ein schöner Anblick. Doch für viele halten sich hier die Vor- und Nachteile deutlich die Waage. Die Vorteile liegen in der Ausbruchsicherheit, da das Material aus Glas besteht. Außerdem stört kein Gitter die gute Sicht und die Reinigung der Aquarienanlage ist – bedingt durch das Material – optimal. Die Nachteile einer Aquarienhaltung überwiegen nach meiner Meinung allerdings deutlich. Große Vollglasaquarien sind wegen der mangelhaften Luftzirkulation und einem zu befürchtenden Wärmestau für die Deguhaltung wenig geeignet. Die Gegebenheiten zum Einbau von Etagen und Klettermöglichkeiten sind beschränkt und erfordern viel Bastelarbeit. Ein weiterer Nachteil der Aquarienhaltung liegt im Verhalten der Tiere begründet. Jeder Griff zum Tier oder das hantieren in der Anlage ist immer ein Griff, der von oben kommt und unbewusst eher als ein Beutegriff verstanden werden kann. Für eine rasche und zutrauliche Eingewöhnung ist dies sicherlich erschwerend. Als Abdeckung muss ein sicherer Rahmen mit nagelfestem Käfigdraht konstruiert werden, wobei die Abdeckung wegen des Luftaustauschs immer offen sein muss. Möchte man allerdings dennoch ein Aquarium benutzen, dann sollte es mindestens die Maße 100 x 50 x 40 cm haben, damit man den Degus auch eine angemessene Landschaft einbauen kann.

Terrarium

Terrarien sind ähnlich einem Aquarium, optisch ein angemessener Blickfang mit vielen Möglichkeiten zum Einbau einer degufreundlichen Landschaft. Geräumige Terrarien mit deutlichen Belüftungsflächen und in den Mindestmaßen von einem Meter Länge und 60 cm Höhe können verwendet und naturgetreu eingerichtet werden. Ein Wärme- und Luftstau ist hier nicht zu erwarten, weil eine ausreichende Belüftung für einen Luftaustausch sorgt. Vorteilhaft ist die Vollglasverarbeitung mit Elementen aus Metall. Die Leidenschaft der Degus, alles zu zernagen, würde sich in solch einem Terrarium nur auf die Einrichtung beschränken.

Terrarien bieten auch die Möglichkeit, kleinkindsicher abschließbar zu sein. Beim Wunsch, ein Terrarium zu wählen, muss man auch mindestens zwei Nachteile in Kauf nehmen. Man muss schon eine große Liebe für die Degus haben, wenn man den deutlich hohen Preis für ein gutes und geeignetes Terrarium bezahlen möchte. Auch die Einrichtung ist mit viel Bastelarbeit verbunden und setzt handwerkliches Geschick voraus. Wenn allerdings alle Nachteile unbegründet sind, ist es schon ein schöner Anblick, wenn man ein optimal eingerichtetes Terrarium mit unseren Degus betrachten kann.

Zubehör

Zur Ausstattung einer optimalen Deguunterkunft gehören noch einige wichtige Ergänzungen, auf die man unbedingt achten muss.

≫ Degus buddeln für ihr Leben gern. Die Einstreutiefe sollte daher mindestens 4 cm betragen.

Die richtige Einstreu

Das Angebot an handelsüblicher Einstreu war noch nie so groß und vielfältig wie heute. Doch die Wahl kann uns leicht fallen, denn jede Kleintierstreu ist auch für Degus geeignet. Im Fachhandel gibt es reine Hobelspäne, grob und fein, mit Rinde gemischt auch als Waldbodenmischung, Strohpellets in verschiedenen Stärken und Holzpellets aus Rinde und gepressten Holzspänen. Bis auf die feinen Hobelspäne, die eine relativ hohe Staubentwicklung haben, habe ich mit allem Anderen gute Erfahrungen gemacht. Als Bodenabdeckung kann man zusätzlich über die Einstreu noch eine leichte Schicht gehäckseltes Stroh verteilen und darauf dann in einigen Ecken der Unterkunft eine ausreichende Menge Heu auslegen. Das Heu dient nicht nur als Nahrung, sondern wird auch zur Auspolsterung der Schlafplätze von den Degus benutzt.

⇒ Der Futternapf sollte nicht bis zum Rand hin gefüllt sein, um Überfütterung zu vermeiden.

Der Futternapf

Ein großer und schwerer Futternapf aus Steingut, glasiertem Ton oder Metall gehört zu jeder guten Deguausrüstung. Plastiknäpfe sind kaum geeignet, weil sie nicht nur zu leicht sind, sondern auch angeknabbert werden und die Gesundheit der Tiere gefährden können. Metallnäpfe sind zwar auch relativ leicht, doch bieten viele die Möglichkeit durch eine besondere Halterung am Käfig befestigt zu werden. Aus meinen Erfahrungen heraus kann ich nur den Tipp geben, einen schweren Napf zu wählen, damit er nicht bei dem geringsten Gerangel um das beste Futter umkippt und alles verstreut wird. Die ausgeprägte Lebhaftigkeit der Degus nimmt obendrein wenig Rücksicht auf lose herumstehende Gegenstände und ein Futternapf ist hierbei nicht ausgenommen.

Trinknapf oder Trinkflasche

Für einen Trinknapf gilt die gleiche Voraussetzung wie für den Futternapf, er muss absolut kippsicher angebracht sein und vor Verschmutzungen geschützt werden. Verunreinigtes Trinkwasser kann zu gesundheitlichen Störungen führen und muss unbedingt verhindert werden. Auch ein umgestürzter Wassernapf wird nicht gleich bemerkt und kann fatale Folgen haben, wenn die Degus über einen längeren Zeitraum ohne Wasser auskommen müssen. Hat man die Möglichkeit, eine Trinkflasche anzubringen, dann sollte man sie auch anwenden, denn Degus gewöhnen sich sehr leicht an deren Nutzung. Das Wasser bleibt nicht nur sauber, sondern ist auch sicher und vor dem Auslaufen geschützt. Eine Trinkflasche ist auch dann von Vorteil, wenn ein Degu erkrankt und Arzneimittel oder Futterzusätze über das Trinkwasser gereicht werden müssen. Bei einem normalen Wassernapf wäre es erheblich schwieriger, diese Voraussetzung zu erfüllen.

⇒ Plastiknäpfe sind zu leicht, können kippen und werden angeknabbert.

Zubehör

Das Sandbad

Schönheitspflege zum wohl fühlen, so könnte man die Leidenschaft der Degus bezeichnen, wenn sie sich ausgiebig im Sand wälzen und ihre Fellpflege betreiben. Für eine vernünftige Deguhaltung ist daher die Anschaffung einer „Sandbadewanne" von großem Wert. Ähnlich wie der Futternapf sollte die Schale für das Bad aus schwerem Material sein, damit beim Sandwälzen nicht gleich die Schale umkippt und der wertvolle Sand verschüttet wird. Schalen für Chinchillas sind zwar ideal, aber für ein Deguheim meist zu groß. Näpfe aus Steingut oder Ton sind bestens geeignet, wenn sie die Mindestgröße der Tiere haben.

Als Badesand verwende ich den qualitativ hochwertigen und handelsüblichen Chinchilla-Spezial-Badesand Attapulgus, weil er das Fell der Degus schont und pflegt. Dieser Sand ist obendrein sehr leicht und sparsam im Verbrauch. Mit einem Sieb kann man ihn reinigen und wieder verwenden, man braucht also nur immer die verlorene Menge nachzuschütten. Oftmals erfahre ich, dass auch Vogelsand angewendet wird, den ich persönlich nicht empfehlen kann, weil er durch seinen Quarzsandgehalt hart und scharfkantig ist und auf Dauer das Fell der Degus schädigt. Nach meinen Beobachtungen wählen auch die Degus selbst viel lieber den Spezialsand für Chinchillas zum Baden und nicht den herkömmlichen Vogelsand. Die Schale mit dem Badesand muss aber nicht ständig in der Anlage stehen, es reicht völlig aus, wenn sie stundenweise angeboten wird.

>> Degus baden leidenschaftlich gerne im Sand. Eine stabile Sandbadewanne gehört daher in jedes Deguheim.

Ein Deguhäuschen

Ein Unterschlupf als Versteckmöglichkeit oder als Nest zum Schlafen darf nicht fehlen. Degus lieben es, sich das Heim so gemütlich wie möglich einzurichten und als Nistmaterialien dienen Heu, Pappe und Papier. Das Heu haben wir ja für die Tiere täglich frisch in der Anlage und als weiteres Nistmaterial benutzen wir die Rollen vom Toilettenpapier oder andere harte Papprollen und Küchenpapier, was die Degus mit Genuss zerknabbern. Sie polstern damit ihr Häuschen kuschelweich aus und genießen so in der Gemeinschaft auch ihren gemeinsamen Schlaf.

Als Deguhaus eignen sich die handelsüblichen Holzhäuser für Kleinnager, doch man beachte, dass es groß genug für die gesamte Gruppe sein muss, denn Degus lieben die Gemeinschaft und teilen auch ihr Haus. Auf Dauer werden allerdings Holzhäuser nicht bestehen bleiben, denn auch am Deguhaus wird kräftig genagt, sodass ab und zu ein neues Haus aufgestellt werden muss, weil das alte seinen Zweck als Unterschlupf nicht mehr erfüllen kann. Es soll aber nicht unerwähnt bleiben, dass einige Degus Häuser schlicht meiden. Ein schlichter Unterschlupf unter einer Wurzel bietet auch die Möglichkeit für den Bau eines gemütlichen Nests für die Degugemeinschaft.

Zubehör

Laufräder

Nichts ist in der Kleinsäugerhaltung umstrittener als Laufräder. Auf der einen Seite sind sie wichtige Helfer, die den Bewegungsdrang der Tiere befriedigen können und andererseits können sie zu gefährlichen Verletzungen führen, die oftmals nicht zu heilen sind. Möchte man seinen Degus ein Laufrad anbieten, so kann ich es nur empfehlen, dass man die Außenseite der Lauffläche mit einem festeren Papp- oder Stoffstreifen umspannt. Man kann so erreichen, dass die kleinen Füßchen der Tiere einen sicheren Tritt haben und nicht durch die Verstrebungen rutschen können; dies kann leicht dann passieren, wenn mehrere Tiere gleichzeitig versuchen, im Rad zu laufen.
Noch besser ist es, gleich ein geschlossenes Laufrad im Zoofachgeschäft erwerben, diese werden nämlich inzwischen auch so angeboten.

Nützliche Dekorationen

Wurzeln, Äste zum Klettern, Korkrinde oder der eine oder andere Stein als Aussichtsplattform können ein Deguheim abwechslungsreich gestalten. Der Fantasie für die Einrichtung sind hier keine Grenzen gesetzt und Ihre Degus werden es Ihnen danken, wenn sie viel zum Erklettern und Zernagen haben. In einem steril eingerichteten Käfig ohne Abwechslung, in dem ein Degu nicht viel arbeiten kann, fühlt er sich nicht wohl und neigt eher zum Verkümmern als zum lebenslustigen Tier, das uns so in seiner Lebensart viel Freude bereiten kann.

Erfolgstipps zur Haltung und Pflege

ERFOLGSTIPPS ZUR HALTUNG UND PFLEGE

- Bevor man sich seine Degus anschafft, sollte die Unterkunft fertig eingerichtet sein, damit die Tiere rasch von ihrem neuen Heim Besitz ergreifen und Vertrauen zur veränderten Umgebung bekommen können.

- Degus dürfen niemals am Schwanz hochgehoben werden. Zum einen kann der Schwanz das Gewicht des Körpers nicht halten und zum anderen liegt es in der Natur der Tiere, zur Sicherheit vor Raubfeinden, dass sie einen Teil des Schwanzes abwerfen können. Die Wunde würde zwar gut ausheilen, doch das Risiko, einen schwanzlosen Degu zu haben, sollte man unbedingt verhindern.

- Trinkwasser, Futter und Heu müssen täglich frisch gereicht werden und die Behälter für das Trinkwasser sollten täglich gereinigt werden.

- Reste von Grünfutter sollten aus gesundheitlichen Gründen regelmäßig entfernt werden. Da Degus Futter auch verstecken können, bitte die ganze Unterkunft danach absuchen.

- Die Deguanlage muss nicht täglich gereinigt werden. Je nach Anzahl der Tiere sollten allerdings mehrmals in der Woche die Urinecken entfernt und mit neuer Einstreu versehen werden.

Ernährung und Ernährungsgrundsätze

Richtig füttern

Degus sind in ihrer Fütterung sehr genügsame Heimtiere, die keine extrem hohen Ansprüche stellen. Ihre Nahrungsgewohnheiten erinnern eher an Chinchillas und weniger an andere Nager wie Hamster oder Ratten. Das Lebensmittelangebot im zoologischen Fachhandel ist für Nagetiere gewaltig angestiegen, doch wenn wir auf die biologischen Notwendigkeiten der Deguernährung eingehen wollen, dann reduzieren sich die Möglichkeiten deutlich.

In der Natur bevorzugen Degus Gräser, frisch und getrocknet, Wurzeln, Rinde und kleine Saaten gehören ebenfalls dazu, wobei zu bestimmen Jahreszeiten auch Wildfrüchte das Nahrungsverlangen abrunden. Wenn wir die natürliche Grundnahrung dieser reinen Vegetarier in der Fütterung beherzigen, dann werden wir wenig Probleme haben. Die Gesundheit und das Wohlbefinden der Degus können wir somit auch über unsere Fütterung steuern.

Um uns den ernährungsphysiologischen Notwendigkeiten anzupassen, achten wir auf eine ballaststoffreiche Nahrung. Ein gutes Degufutter setzt sich daher aus sehr viel Rohfaser und nur leicht verdaulichen Kohlehydraten zusammen. Eiweiß- und fettreiches Futter darf nur in sehr geringem Maße Bestandteil der Ernährung sein. Auf zuckerhaltige Nahrung sollte grundsätzlich verzichtet werden. Die im Zoohandel erhältlichen Knabberstangen sind ungeeignet, auch wenn sie mit viel Gemüse und Getreide zusammengesetzt sind. Sie enthalten bekanntlich Zucker in Form von Melasse und Honig. Auch Nagerdrops und Rosinen sind daher keine Leckerbissen, die auf dem Speiseplan der Degus stehen sollten. Leider zählt auch der Apfel als Frischobstfütterung dazu, obwohl all die schönen Leckerbissen von den Degus leidenschaftlich gern gefressen werden.

Richtig füttern

Doch warum sollte man bei diesen zuckerhaltigen Nahrungsmitteln vorsichtig sein? Die Lösung liegt in der Anfälligkeit für Diabetes. Natürlich betrifft dies nicht jeden Degu, doch das Risiko ist hoch, zumal die Gefahr zu erkranken auch erblich zu sein scheint. Ich persönlich hatte noch nie ein Diabetesproblem bei meinen Tieren, doch ich weiß von befreundeten Degubesitzern, dass ihre Tiere an Diabetes erkrankt waren und nur eine strenge diätische Ernährung das Wohlbefinden der Degus ermöglichte.

Eine andere Gefahr besteht, wenn die Ernährung zu viele fetthaltige Bestandteile aufweist. Man sollte nicht unterschätzen, dass ein zu hoher Fettgehalt in der Nahrung ebenfalls Diabetes begünstigen kann. Da die natürliche Nahrung auch arm an fetthaltigen Stoffen ist, können unsere Heimtierdegus bei zu viel Fett auch träge und dick werden, was ihrem munteren Treiben sicherlich entgegenwirkt. Öl- und fetthaltige Saaten wie zum Beispiel Sonnenblumenkerne und Nüsse sollten daher nicht Bestandteil der Hauptnahrung sein. Als Nüsse empfehlen sich ungesalzene und naturbelassene Erdnüsse, sie werden gerne angenommen und sollten nur als Leckerbissen dienen.

» Degus sind reine Vegetarier. Sie müssen auf eine zucker-, eiweiß- und fettarme Ernährung achten, um das Diabetes-Risiko gering zu halten.

Ernährung und Ernährungsgrundsätze

⟫ Ungesalzene Erdnüsse sollten nur in geringen Mengen als Leckerbissen gegeben werden.

Ein wichtiger Hinweis in der Tierernährung ist grundsätzlich zu beachten: Jedes Futter sollte immer frisch zubereitet werden und als Trockenfutter nicht überlagert sein. Das Hauptfutter aus Pellets, Saaten und Trockenobst sollte immer trocken und kühl gelagert werden und je nach der Anzahl der Degus für einen Monatsvorrat abgestimmt sein. Das 10 kg-Sonderangebot beim Händler muss daher langfristig für die Degus nicht von Vorteil sein, wenn keine richtige Lagerung möglich ist. Man achte also beim Futterkauf auch auf die Herstellungsdaten, die bei den Hauptfuttersorten angegeben sein sollten. Verfüttern Sie zur Mischung Ihres Degufutters Chinchillapellets, so ist zu beachten, dass verschiedene Pellets für Chinchillas vitaminisiert sind und nur eine Haltbarkeit von drei bis sechs Monaten haben.

Mein Degu zu Hause

Ernährung und Ernährungsgrundsätze

Das verschiedenartige Degufutter

» Die tägliche Heuration darf niemals auf dem Speiseplan der Degus fehlen.

Heu

Heu ist für die Degus fast noch wichtiger als das Grundfutter und muss immer frisch gereicht werden. Die tägliche Ration Heu entspricht weitgehend der natürlichen Ernährung und darf niemals auf einem Speiseplan fehlen. Heu ist ballaststoffreich und somit für die Verdauungsvorgänge von großer Bedeutung. Im Gegensatz zum Chinchilla, dem Heu auch als Alleinfutter dienen könnte, benötigen Degus allerdings noch ein weiteres Hauptfutter zur Ergänzung.

Weil Heu ein besonders wertvolles Futter ist, sollte man hier nicht sparen und auf Qualität achten. Das Heu muss absolut trocken, nicht zu fein sowie vielseitig sein und den typischen Heugeruch haben. Schon bei Verdacht, es könnte leicht muffig riechen, ist dringend davor zu warnen, solch ein Heu zu erwerben oder gar zu verfüttern. Beim Kauf größerer Mengen ist unbedingt auf eine luftige und trockene Lagerung zu achten. Das im Zoohandel angebotene Luzerneheu ist eine qualitativ hochwertige Abwechslung und wird heute sogar schon als gepresste Würfel fütterungsgerecht angeboten.

Hauptfutter

Weil mit der Zusammenstellung der Hauptfuttermischung die meisten Fehler gemacht werden können und die Gesundheit der Tiere oftmals von der Art des Futters abhängt, sollten einige Regeln beachtet werden. Das Hauptfutter ist eine Trockennahrung, die man aus zwei Teilen Meerschweinchen- und einem Teil Chinchillafutter mischen kann. Ergänzen kann man das Trockenfutter mit getrockneten Gemüseflocken, Kroketten und Hagebutten (hoher Vitamin-C-Gehalt) für Nager. Auch Kräutermischungen, die es heute nicht nur für Chinchillas gibt, eignen sich hervorragend. Mit weiteren Körnern, zum Beispiel Gerste, Weizen Hafer, Hirse, Naturreis und Leinensamen, kann man die Deguhauptnahrung wechselhaft abrunden. Vereinzelt gibt es auch schon Alleinfuttermischungen für Degus im Handel, doch man achte sehr genau auf die Zusammensetzung. Sollten Nüsse oder Sonnenblumenkerne dabei sein, wäre es ratsamer, auf derartige Fertigfuttermischungen zu verzichten.

Wenn gutes Heu regelmäßig frisch verfüttert wird, sollte das Hauptfutter nicht zu reichlich verfüttert werden. Da es sich dabei um ein Energiefutter handelt, kommt es nicht auf die Menge an, sondern auf die Qualität der Mischung. Man wird also die Futternäpfe im Allgemeinen nicht bis zum Rand füllen, um zu verhindern, dass ein „Vielfraß" in der Gruppe sich den Bauch füllt und sehr schnell Übergewicht bekommt. Gerade das wollen wir ja bei unseren lebhaften Degus für das gesundheitliche Wohlbefinden vermeiden, denn Platz für ein Leckerli sollte ja ab und zu auch noch sein.

» **Inzwischen gibt es auch spezielles Degufutter im Zoogeschäft. Achten Sie darauf, dass keine Nüsse oder Sonnenblumenkerne darin enthalten sind.**

Ernährung und Ernährungsgrundsätze

Frische Grünkost

Degus können noch so genügsam sein, frische Grünkost nehmen sie gerne als willkommene Abwechslung an und obendrein bekommt sie ihnen ausgezeichnet. So ein vitales Saftfutter ersetzt zwar nicht die notwendige Trinkflasche, kann aber den Flüssigkeitsbedarf teilweise abdecken. Teilweise nur deshalb, weil die Grünkost nicht über den ganzen Tag verteilt gegeben werden kann und die Trinkflasche dann den restlichen Tagesbedarf an Wasser abdeckt, auch wenn die Mengen nur gering sind. Es gibt Degufreunde, die geben überhaupt keine Frischkost und der Feuchtigkeitsbedarf wird nur mit Wasser abgedeckt, andere dagegen meinen, mit genügend Saftfutter brauchen sie keine zusätzlichen Wassergaben anzubieten, weil der Flüssigkeitsbedarf dadurch ausreichend gewährleistet ist. Ich kann beide Meinungen nicht teilen und empfehle immer beides anzubieten. Frische Grünkost nenne ich auch immer Vitalnahrung, weil die Mineral- und Vitaminversorgung durch Kräuter- und Gemüsesorten sicherer und ausgewogener der Gesundheit der Degus dienen kann.

Es gibt beim Saftfutter nur eine Ausnahme, mit der ich sehr vorsichtig bin, wenn es darum geht, ob man auch verschiede Obstsorten anbieten kann. Grundsätzlich bin ich nicht abgeneigt, auch Kleinstmengen von wenigen Gramm Apfel anzubieten, denn langfristige Erfahrungen bei meinen Tieren haben keine gesundheitlichen Nachteile gebracht. Im Allgemeinen möchte ich aber keine Empfehlungen für fruchtzuckerreiches Obst anbieten, weil der hohe Fruchtzuckergehalt im Obst ein großes Risiko für diabetesanfällige Degus sein kann. Da einige Degufreunde diese negativen Erfahrungen leider erleben mussten, kann man auch problemlos auf Obst verzichten, denn die Auswahl an Kräutern, Gräsern und den vielen fruchtzuckerarmen Gemüsesorten decken wunderbar den Bedarf an frischer Grünkost.

> **Trotz frischer Grünkost darf die Trinkwasserflasche im Deguheim nicht fehlen.**

Leckerbissen

> **GEEIGNETE SAATEN FÜR DAS FRISCHE KEIMFUTTER**
> Hafer, Weizen, Kresse, Buchweizen, Sonnenblumenkerne und Luzerne

Leckerbissen

Leckerlis sind sicher auch eine Belohnung für das Tier, und was gut schmeckt wird leidenschaftlich angenommen. Doch Vorsicht bei allen zucker- und fetthaltigen Extragaben! Wie schon erwähnt, können sie wegen dem Diabetes die Gesundheit der Degus gefährden und solch ein Risiko muss man ja zum Wohl der Tiere nicht eingehen.

>> Gesundes Grünfutter kann auch spandend angeboten werden wie hier der Salat im Gemüseball.

> **FOLGENDES GRÜNFUTTER IST GEEIGNET**
> **Gemüsesorten:**
> Mohrrüben, Chicoree, Tomaten, grüne Gurken, Paprika, Porree
> **Frisches Blattgrün:**
> Löwenzahn, Gänseblümchen, Spitzwegerich, Gräser, Salate (ungespritzt und natriumarm)

Man kann auch Grünfutter preiswert selbst heranziehen und in wenigen Tagen erntefrisch verfüttern. Besonders Kinder haben oftmals große Freude daran, ihre Degus selbst zu versorgen, und die Aussaat und Ernte sind gleichzeitig auch ein lehrreicher Umgang mit der Natur. Man braucht nur eine niedrige Pflanzschale, etwas Anzuchterde und engen Maschendraht, der die Erde abdeckt und bis zum Pflanzschalenrand ausgelegt wird. Jetzt noch aussähen, befeuchten und ans helle Fenster stellen. Schon nach wenigen Tagen wächst das Keimfutter, das bei einer Höhe von 4 bis 6 cm in die Deguanlage gestellt werden kann.

Wichtig ist die Befriedigung des Nagebedürfnisses, und hier ist der Bedarf bei den Degus riesengroß. Man kann ungespritzte getrocknete und frische Baum- und Strauchzweige von Weide, Buche, Esche, Birke, Haselnuss und Obstgehölzen wie Apfel und Birne anbieten.

Das Benagen der Zweige sorgt nicht nur für eine regelmäßige Abnutzung der ständig nachwachsenden Nagezähne, unsere Degus haben auch viel Freude daran. Wegen der wertvollen Faserstoffe und den saftigen Schichten unter der Rinde sind frische Zweige auch ein natürliches Ergänzungsfuttermittel.

Ernährung und Ernährungsgrundsätze

> Es gibt eine Vielzahl getrockneter Gemüsescheiben und Kroketten für ein abwechslungsreiches Futter.

Trinken – täglich frisches Wasser für unsere Degus

Es ist nicht zu empfehlen, auf Trinkwasser zu verzichten, wenn viel Saftfutter gereicht wird. Auch wenn eine Trinkflasche oder der Wassernapf nicht immer und ständig genutzt wird, sollten wir ganz sicher gehen und unsere Degus nicht von den Wasserbehältern entwöhnen. In der Trag- und Säugezeit der Weibchen ist der Wasserbedarf höher und auch im Krankheitsfall, wenn kein frisches Saftfutter gereicht werden kann, muss es möglich sein, dass die Degus problemlos trinken können und im Notfall auch Medikamente über das Wasser aufnehmen. Die regelmäßige tägliche Grundreinigung der Wasserbehälter gehört natürlich zur Selbstverständlichkeit, weil bei allen Lebensmitteln und Trinkgefäßen die Hygiene entscheidend für das gesundheitliche Wohl unserer Degus ist.

Es bietet sich auch die Gabe von hartem Vollkornbrot an, das in kleinen Würfeln gereicht Knabberspaß und gesunden Nährwert garantiert. Im guten Zoohandel gibt es noch eine Vielzahl weiterer Möglichkeiten, unsere Degus zu verwöhnen: Kräutermischungen, Blütenblätter und verschiedene harte und getrocknete Gemüsescheiben- und Kroketten, die immer gern zur Abwechslung angenommen werden.

Nüsse werden gerne gefressen, sind aber sehr fetthaltig und schwerer zu verdauen. Als Alternative bieten sich ungesalzene und naturbelassene Erdnüsse an, die man ab und zu den Degus gönnen kann.

Kalksteine können im Käfig angebracht werden und sind dann noch besonders nützlich, wenn sie mit Gemüsekroketten durchsetzt sind. Die Meinung zu den Salzlecksteinen ist geteilt, und nicht jeder Degu nimmt sie an.

In kleinen Mengen und im Wechsel angeboten, ist jeder Leckerbissen eine Willkommene und nützliche Abwechslung zu Hauptfutter und Heu und entspricht weitgehend der natürlichen Ernährung unserer Degus.

> Unterstützt Knochen und Zähne: Ein Mineral-Kalk-Stein kann gelegentlich gereicht werden.

Verhalten

Lautsprache und Körpersprache

Säugetiere mit so einem Verhalten, zeigen uns auch das, was wir Menschen Sprache nennen. Lautäußerungen, Mimik und Gesten regulieren das Gemeinschaftsleben – und wer jemals eine Degugruppe über einen längeren Zeitraum erlebt hat, der ist vom Gemeinschaftsleben und der Kommunikation der Tiere untereinander begeistert.

Degus haben ein besonderes Harmoniebedürfnis. Das Ankuscheln im Nest und das gemeinsame Baden, Schlafen und Fressen kann man täglich beobachten. Schon allein diese Tatsache sollte uns auf jeden Fall daran hindern, einen Degu als Einzelgänger zu halten. Einem Einzeltier geht viel verloren und schon allein der so genannte Kuscheleffekt mit anderen Gruppenmitgliedern und die Fellpflege untereinander sind für Degus von großem Wert und ein Zeichen ihrer ausgeglichenen Zufriedenheit.

Auch in einer harmonischen Gruppe können Streitfälle auftreten, die aber ausnahmslos unblutig ausgehen. Häufig signalisieren Gesten dem Anderen, wer der Stärkere ist; sollte dies nicht ausreichen, werden weniger die Zähne als Waffe eingesetzt, sondern es kommt dann mehr oder weniger zu den so genannten Scheinkämpfen.

Gruppentiere – bitte keine Einzelhaltung!

Die Faszination Degu besteht in ihrem ausgeprägten Sozialverhalten und nur in einem Gemeinschaftsleben fühlen sie sich wohl. Degus in der Einzelhaltung verkümmern dagegen aufgrund fehlender Kommunikation, weshalb man immer darauf achten sollte, wenigstens ein Paar zu halten, gleichgültig ob gleichgeschlechtlich oder als Paar im eigentlichen Sinn. In größeren Gruppen kommt das Sozialverhalten noch stärker zum Ausdruck und es ist für den Betrachter beeindruckend, das Treiben der Tiere zu verfolgen.

≫ Degus fühlen sich nur in der Gemeinschaft wohl.

Lautsprache und Körpersprache

>> Harmonie- und Kuscheleffekt machen das Degu-Leben perfekt!

Ein Erlebnis, das ich nie vergessen werde, hatte ich mit zwei Männchen als sie einen Kampf ausgefochten hatten. Bei einem frisch gefüllten Futternapf stritten sich die beiden Männchen um die besten Happen. Zuerst äußerten beide mehrmals einen hellen Quiekton, doch als dies nichts half, richteten sich beide auf und boxten mit beiden Vorderpfoten wie wir es vom Känguru her kennen. Dieser Boxkampf dauerte nur wenige Minuten, bis scheinbar ein Sieger ermittelt wurde, der sich dann im Futternapf die besten Brocken organisieren konnte. Derartige Verhaltensweisen zeigen Degus nur in einer eingelebten Gemeinschaft und sie sind auch ein Zeichen dafür, wie sehr sie sich die Tiere wohl fühlen.

Ein anderes Beispiel zeigt ihr ausgeprägtes Sprachverhalten als Sozialwesen: Degus lernen nach einer gewissen Zeit nicht nur ihren Käfig kennen, sondern werden auch den ganzen Raum als ihre Umgebung vertrauensvoll akzeptieren. Treten nun aber plötzliche und unerwartete Dinge auf, so pfeift ein „Wächter" unter den Degus einen schrillen Warnruf und bei erkennbarer Gefahr verschwindet die ganze Gruppe im Versteck. Sie kommt erst dann vorsichtig heraus, wenn die vermeintliche Gefahr vorbei ist.

Völlig anders zeigt sich das Verhalten, wenn in eine harmonische Gruppe ein fremder Degu zugeführt wird. Dieser Vorgang kann ein Risiko für den Neuling bedeuten, wenn er als Fremder nicht in die Gruppe passt und abgelehnt wird. In so einem Fall kann es zu schweren Kämpfen kommen, die nicht selten auch blutig ausgehen können. Auch hier zeigt sich das Gruppenverhalten, weil Mitglieder einer fremden Gruppe nur dann akzeptiert werden, wenn jedes Gruppenmitglied den Neuling duldet. Auch wenn nur ein Einziger der Gruppe den Fremden ablehnt, hält immer die Gruppe eng zusammen und der Neuling muss ausscheiden. Ist so ein Fall eingetreten, gilt besondere Vorsicht im Umgang mit den Tieren. Zur Sicherheit wählt man einen Handschuh und ein Handtuch, um die Tiere wieder zu trennen. Ein um sich beißender Degu kann mit seinen Zähnen schon erhebliche Wunden verursachen. Nach einer kurzen Weile der Aufregung, beruhigt sich die Gruppe wieder, so als wäre nichts gewesen. Die Wehrhaftigkeit einer Degugruppe ist daher nicht zu unterschätzen, auch wenn sie noch so harmonisch und friedlich zusammen lebt und sie für uns ganz handzahme Tiere sind. So ein extremes Beispiel ist real möglich, auch wenn mir junge Gruppen bekannt sind, wo ein weiteres Jungtier ohne Probleme eingegliedert wurde und Teil der Gruppe wurde. Vorsicht ist auf jeden Fall bei älteren Gruppen geboten, die ihre angestammten Gewohnheiten scheinbar nicht verlieren wollen.

Aktiv und neugierig

Degus sind zum Teil tagaktive und neugierige Wesen, die das Klettern und Herumtollen lieben. Beim Hantieren im Käfig kommen sie gleich und sind stark daran interessiert, zu erfahren, was in diesem Moment geschieht. Ebenso schnell sind sie aber auch über unsere Arme aus der Anlage getürmt und sitzen uns auf der Schulter. Wenn man hier nicht aufpasst, sind die flinken Degus schnell im Zimmer und genießen den selbst gewählten Freilauf. Sie wieder einzufangen ist nicht immer leicht und erfordert manchmal auch etwas Geschicklichkeit, doch bei äußerst zahmen Tieren kann man den Auslauf schnell beenden und die Tiere wieder in die Anlage setzen.

Mein Degu zu Hause

Erste Hilfe und Gesundheitsvorsorge

Degus sind von Natur aus recht robuste und widerstandsfähige Tiere, wenn wir sie nach ihren Bedürfnissen halten und pflegen. Aber auch bei einer Haltung unter artgerechten Bedingungen können unvorhersehbare Krankheiten und Unfälle auftreten. Der Weg zum Tierarzt sollte vor allen Möglichkeiten der Selbstheilung wohl eine Selbstverständlichkeit sein. Gut gemeinte Ratschläge von Freunden, Artikel verschiedener Zeitschriften und die neuen Medien wie das Internet können zwar immer ausgezeichnete Hinweise und Erläuterungen geben, doch medizinische Diagnosen und Therapien muss man dem Tierarzt überlassen. Für derartige Notfälle halten wir immer eine kleine Transportbox bereit, sie erleichtert vieles und beherbergt das Tier sicher auf dem Weg in die tierärztliche Praxis.

Mögliche Krankheitsursachen

MÖGLICHE KRANKHEITSURSACHEN

- Kein artgerechtes Futter
- Futterumstellungen
- Vitaminmangel durch einseitige Ernährung
- Zucker- und fetthaltige Leckerbissen
- Muffiges und schlecht gelagertes Heu als Grundnahrung
- Verschmutztes Trinkwasser
- Schlechte Raumluft (z. B. Nikotin in verrauchten Räumen)
- Vergiftungen nach Freilauf
- Zugluft
- Stress
- Parasiten
- Zahnprobleme

Erste Hilfe und Gesundheitsvorsorge

Auch Degus können unter Stress leiden

Der Faktor Stress kann jedes Lebewesen gesundheitlich gefährden und auch Degus sind nicht davon ausgenommen. Die Ursachen können vielfältig sein und ergeben sich häufig aus Haltungsfehlern, die wir unbedingt vermeiden sollten, wenn die Degus ein friedliches und gesundes Leben erhalten sollen. Degus, die sich absolut wohl fühlen, sind artgerecht gehalten und weniger anfällig für stressige Situationen. Stress entsteht immer dann, wenn die Tiere ständigen Belastungen ausgesetzt sind, denen sie nicht ausweichen können.

Ursachen für Stress:

- Häufige Geruchswahrnehmung in der Anlage durch den eigenen Uringeruch oder ähnlichen Verschmutzungen.
- Der Käfig ist viel zu klein oder die Anzahl der Tiere in einer Gruppe ist zu hoch für die Unterbringung im Käfig.
- Ständige Rangordnungskämpfe können einzelne Tiere seelisch zermürben, da sie im Käfig ja nicht ausweichen können.
- Ständige oder häufige hohe Lärmbelastungen.
- Regelmäßige Störungen in den Schlafphasen der Tiere.

> Fragen Sie den Züchter oder Verkäufer, welche Tiere besonders gut miteinander auskommen. So erspart man sich später Stress im Käfig.

Die wichtigsten Krankheitsanzeichen

» Mit einer ausgewogenen Ernährung beugen Sie vielen Krankheiten vor.

Die wichtigsten Krankheitsanzeichen

Zu einer vernünftigen Tierhaltung zählt auch, dass wir unsere Tiere täglich beobachten oder in unserer Abwesenheit jemanden beauftragen, der unsere Degus nicht nur versorgt, sondern auch erkennen kann, ob bei den Tieren alles in Ordnung ist. Auch für die Gesundheit unserer Tiere ist die Früherkennung von Krankheitsanzeichen von großer Bedeutung. Je schneller wir hilfreich eingreifen können, desto leichter ist meist eine Heilung. Kleinere Wunden heilen oftmals in wenigen Tagen rasch von ganz allein. Krankheitsanzeichen wie Durchfall werden durch ausschließliche Heufütterung aller Tiere eingedämmt. Tritt aber nach 24 Stunden keine Linderung ein, ist unbedingt ein Tierarzt aufzusuchen – und das gilt im Allgemeinen für fast alle Veränderungen, die sich am Körper eines Tiers zu erkennen geben. Auch ein apathisches Verhalten ohne erkennbare Krankheitssymptome am Körper muss ernst genommen werden und verlangt eine tierärztliche Untersuchung. Dieses Kapitel ersetzt auf keinen Fall einen Tierarzt, sondern gibt vielmehr nur Hinweise zu einer Früherkennung. Der Tierarzt erwartet aber von jedem Tierhalter, dass er sein Tier sehr gut beobachtet und jeder scheinbar noch so harmlose Hinweis kann dem Tierarzt die Diagnose erleichtern. Die folgende Checkliste der Krankheitsanzeichen ist daher ein hilfreiches Instrument, wenn man seine Tiere sehr genau nach dem Gesundheitszustand beobachtet:

Wichtige Anzeichen für eine Erkrankung

- Apathisches Verhalten oder geringere Aktivität
- Appetitlosigkeit
- Abmagern
- Der Körper scheint aufgebläht zu wirken
- Erhöhter Durst
- Durchfall oder auch nur feuchter Kot und ein verklebtes Fell
- Blut im Urin oder Kot
- Vermehrter Juckreiz durch häufiges Kratzen
- Kahlstellen im Fell
- Struppiges Fell
- Absonderungen der Haut
- Schorf oder Wunden, die keine Verletzung als Ursache haben
- Die Augen sind feucht oder tränend
- Die Augen werden häufig zugekniffen (Hinweis auf Schmerzen)
- Linsentrübung im Auge
- Atemgeräusche, häufiges Niesen und Hüsteln

Mögliche Erkrankungen

Mangelerscheinungen
Symptome:
Mattigkeit, Bewegungsunlust, Appetitlosigkeit, Magersucht, Haut- und Fellveränderungen.
Therapie:
Bei einer Mangelerscheinung muss unverzüglich die gesamte Ernährung der Degus überdacht und artgerecht verabreicht werden. Schon nach kurzer Zeit wird man erkennen, wie sich das Wohlbefinden des Tiers verbessert. Zusätzliche Gaben von Vitamin- und Mineralstoffpräparaten runden die Therapie ab.

Futterumstellungen
Symptome:
Durchfall, erhöhter Wasserbedarf, Komplikationen während der Trächtigkeit.
Therapie:
Eine Futterumstellung muss immer sehr langsam vollzogen werden.
Tipp:
Mit Heu als Grundnahrung beginnen und erst nach 24 bis 48 Stunden mit weiteren Futtersorten in ganz kleinen Mengen fortfahren.

Mögliche Erkrankungen

Schwanzhautabriss
Symptome:
Völliger Verlust der Schwanzhaut.
Ursache und Therapie:
Bei einem unsachgemäßem Festhalten eines Degus am Schwanz kann sich die Schwanzhaut durch Schockwirkung ablösen. Daher niemals einen Degu am Schwanz hochziehen oder festhalten! Therapeutisch müssen keine Maßnahmen erfolgen. Schon nach wenigen Tagen trocknet der hautlose Schwanzteil ein und fällt bis zur Abrissstelle völlig ab. Eine Wundbehandlung ist im Allgemeinen nicht erforderlich, da dieser Vorgang von Natur aus eine Lebenssicherheit vor Feinden darstellt.

Erste Hilfe und Gesundheitsvorsorge

Diabetes
Symptome:
Weiß-bläuliche Trübung der Augenlinse, vermehrter Wasserbedarf und eine nicht seltene Gewichtszunahme.

Ursache:
Degus sind nicht in der Lage, eine erhöhte Aufnahme von Zucker (Glukose) zu verarbeiten. Da nicht bei jedem Degu diese Erkrankung ausbricht, aber latent vorhanden sein kann, muss daher unbedingt auf eine artgerechte Ernährung Wert gelegt werden. Handelsübliche Leckerbissen enthalten Zuckermelasse und sind strikt zu vermeiden. Das Gleiche gilt aber auch für den hohen Fruchtzuckergehalt im Obst. Äpfel sind hier ein Beispiel und daher leider keine Degunahrung, obwohl sie gern gefressen werden. Honig, Öl oder andere Fetthaltige Sämereien gehören ebenfalls in kein Degufutter.

Therapie:
Bis zum heutigen Tage gibt es leider noch keine vernünftige Behandlungsmethode und jeder Tierarzt wird aus diesem Grund immer die Art der Fütterung hervorheben und einen Diätplan aufstellen.

Tipp:
Möchte man ganz sicher gehen, ob der eigene Degu an Diabetes leidet oder für die Erkrankung anfällig ist, kann man beim Tierarzt einen Zuckertest machen lassen oder mit den Teststreifen aus der Apotheke selbst den Urin der Tiere prüfen.

Mögliche Erkrankungen

Durchfall

Symptome:
Feuchter bis breiiger, hellerer Kot. Das Fell in der Aftergegend ist mit dem Kot verschmiert. Der Degu wirkt apathisch und zeigt weniger Aktivität.

Ursache:
Verdorbene Futtermittel, fetthaltige Kost, Würmer oder eine Infektion können Durchfall verursachen.

Therapie:
Als wichtigste Maßnahme wird sofort jedes Futter entfernt und die Anlage gründlich gereinigt und desinfiziert. Als Nahrung wird nur frisches Heu mit dem typischen Aroma gefüttert. Tritt nach 24 Stunden keine Linderung ein, ist der Gang zum Tierarzt unvermeidlich, weil eine Infektion vorliegen könnte oder verdorbene Futtermittel andere Organe als den Darm in Mitleidenschaft gezogen haben.

Erkältungen und Augenentzündungen

Symptome:
Verklebte oder tränende Augen. Häufiges Niesen, röchelndes Hüsteln, Atemnot, apathisches Verhalten, keine Aktivität, Appetitlosigkeit.

Ursache:
Oftmals führt eine feine Einstreu durch den Holzstaub zu einer Augenentzündung. Infektionen die zu erkältungsähnlichen Erscheinungen führen sind eher seltener. Manchmal liegt die Ursache aber in Zugluft oder einer kaltfeuchter Unterbringung.

Therapie:
Für so kleine Tiere wie die Degus, sind entzündliche Erkrankungen ausschließlich vom Tierarzt zu behandeln. Da das Immunsystem geschwächt ist und durch eine unzureichende Ausheilung chronische Erscheinungen auf Dauer zurückbleiben können, sollte man die Behandlung ernst nehmen. Eine kürzere Lebenserwartung kann die Folge sein. Hat die Augenentzündung eine mechanische Ursache, hilft langfristig nur der Wechsel der Einstreu, da empfindliche Degus immer wieder auf die Staubentwicklung der Späne reagieren würden.

>> Verwenden Sie keine feinen Späne als Einstreu. Diese kann zu Augenentzündungen führen.

Erste Hilfe und Gesundheitsvorsorge

Parasiten

Symptome:
Juckreiz, Kahlstellen im Fell, entzündete Hautpartien. Bei einer sauberen Unterbringung sind parasitäre Erkrankungen fast ausgeschlossen. In den meisten Fällen erfolgt bei Befall mit Ektoparasiten auch eine Übertragung auf andere Tiere. Haben unsere Degus intensiven Kontakt zu Meerschweinchen, kann es durchaus auch zu einem Haarlingsbefall unter Degus kommen. Im gleichen Haushalt gehaltene Vögel können Milben auf Degus übertragen. Von Hunden und Katzen als Überträger der Parasiten ist kaum etwas bekannt. Man muss sich aber in solchen Fällen keine sehr großen Sorgen machen, denn der Tierarzt hat genügend Mittel und Möglichkeiten, das auftretende Parasitenproblem rasch zu lösen. Eigentliche Probleme können aber dann auftreten, wenn der Degu allergisch reagiert. Eine tierärztliche Behandlung ist in solchen Situationen unausweichlich.

Tipp:
Nicht nur den Degu behandeln, sondern auch die übertragenden Tiere müssen behandelt werden. Zur Desinfektion auch die Umgebung der Tiere beachten und dementsprechend behandeln.

Das Verabreichen von Arzneimitteln

Gesundheitliche Gefahren für den Degu

Haben unsere Degus sich zu zahmen Heimtieren entwickelt, sind wir im Allgemeinen nicht abgeneigt, auch einen Freilauf zu gewähren, den die Degus gerne als erworbene Freiheit nutzen. Doch die Welt außerhalb der Unterbringung kann eine Vielzahl von Gefahren mit sich bringen, die nicht zu unterschätzen sind. Degus im Freilauf sollten daher niemals unbeaufsichtigt sein. Unfälle und gesundheitliche Gefährdungen durch Vergiftungen lauern in fast jeder Wohnung.

GEFÄHRDUNGEN BEIM FREILAUF

- Degus im Freilauf bitte niemals unbeaufsichtigt lassen!
- Zimmerpflanzen können für Degus giftige Substanzen enthalten und sollten nicht erreichbar sein, weil Degus alles gerne anknabbern und fressen.
- Vasen können eine Falle sein, wenn Degus sie erklimmen. Beim Fall in eine Vase kann ein qualvoller Ertrinkungstod die Folge sein.
- Strom-, Computer- und Telefonkabel haben einen besonderen Reiz und werden nicht verschont. Wir können hierbei nicht nur unseren Degu durch einen Stromschlag verlieren, sondern haben nebenbei auch noch einen hohen Sachschaden.
- Zimmertüren stellen eine große Unfallgefahr dar. Beim schließen der Tür kann – unbeachtet – ein Degu tödliche Verletzungen erleiden.
- Auf herumstehende artfremde Nahrungsmittel und Chemikalien ist dringend zu achten.

Das Verabreichen von Arzneimitteln

Die Eingabe von Medikamenten ist bei den Degus nicht gerade leicht, aber auch nicht unmöglich. Alle wasserlöslichen Arzneimittel kann man bedenkenlos über die Trinkflasche reichen. Allein aus diesem Grund sollte man die Degus frühzeitig an eine Trinkflasche gewöhnen, damit im Notfall auch die Medikamente über sie gegeben werden können. Das Gleiche gilt auch für die Eingabe von Vitaminpräparaten.

In akuten Fällen sind Einwegspritzen (natürlich ohne Nadel) sehr hilfreich, wenn man Medikamente verabreichen muss. Mit ihr kann man gut dosiert in den kleinen Mund der Degus Tropfen für Tropfen einflößen. Desweiteren gehören in eine gute Degu-Hausapotheke auch eine Wundsalbe, Augentropfen und für einen Ernstfall ein paar homöopathische Arzneimittel, die man mit seinem Tierarzt abspricht. Da auch Degus auf eine derartige Medizin positiv reagieren, sind sie unerlässliche Helfer für die Gesundheit unserer Tiere.

≫ Achten Sie beim Freilauf unbedingt auf ungiftige Zimmerpflanzen!

Zucht

Überlegungen vor der Zucht

Hat man eine nicht gleichgeschlechtliche Gruppe oder ein Paar, erwacht recht häufig auch der Wunsch, einen Zuchtversuch zu unternehmen. Stellt sich der Erfolg einer Nachzucht ein, wächst unweigerlich auch das Interesse an einer kleinen Liebhaberzucht, denn die Erlebnisse mit den Jungtieren sind faszinierend. Der Gedanke an eine Großzucht sollte allerdings nicht aufkommen. Der Aufwand ist dann so gewaltig, dass die Pflege der Degus nicht mehr nebenbei betrieben werden kann. Zusätzliche Käfiganlagen mit der artgerechten Einrichtung und die Beschaffung der vielen unterschiedlichen Futtermittel und Mengen erfordern hohe Investitionen in Zeit und Geld, wenn man die Degus vernünftig unterbringen und pflegen will. Auch Urlaubspläne müssen dann mit der Deguzucht abgestimmt sein, damit in dieser Zeit kein Nachwuchs zu erwarten ist. Ein finanzielles Interesse an der Zucht sollten wir ausschließen, weil der Aufwand zu groß wird und die individuellen, artgerechten Bedürfnisse der Degus darunter Leiden könnten. Bei jedem Wunsch nach Nachwuchs sollte man daher nur an das Tier und nicht an das Geld denken.

Zucht

Mein Degu zu Hause

Zucht

Möchte man die Beziehung zu den Degus nicht verlieren, beschränken wir uns auf die kleine Liebhaberzucht, sie gewährleistet den Überblick und die ausgewogene Pflege dieser kleinen, geselligen Kobolde.

Doch bevor wir uns näher mit der Zucht und Fortpflanzung der Degus beschäftigen, sollten wir an die Unterbringung und Abgabe der Jungtiere denken, denn nicht jedes Degubaby können wir behalten. Man sollte sich daher frühzeitig bei Freunden und Bekannten erkundigen, ob ein Interesse an Jungtieren besteht. Auch an seinen Zoofachhändler kann man die Anfrage richten, ob er bereit wäre, den Nachwuchs abzunehmen, wenn man sie privat nicht vermitteln kann. Wegen der guten Pflege und Aufzucht sind gute Zoohändler immer stärker daran interessiert, Jungtiere aus Privathand zu übernehmen. Sind derartige Fragen zufriedenstellend geklärt, kann man sorgenfrei an einen Degunachwuchs denken.

Der Geschlechtsunterschied

Weil die Hoden bei den Männchen in der Bauchhöhle liegen und äußerlich nicht zu erkennen sind, ist auf den ersten Blick der Unterschied der Geschlechter nicht leicht zu erkennen. Bei Jungtieren kann es noch etwas schwieriger sein, wenn man noch kein geübtes Auge dafür hat.

Der eigentliche, äußerlich erkennbare Unterschied liegt im Abstand zwischen dem Harnröhrenausgang und dem Anus, der bei den Weibchen wesentlich enger zusammen und bei den Männchen einige Millimeter auseinander liegt. Ferner scheint beim Männchen die Harnröhrenmündung etwas verlängert zu sein, im Gegensatz zum weiblichen Geschlechtmerkmal.

Da selbst in Zoohandlungen oftmals die Geschlechter verwechselt werden, ist es ratsam, sich die Geschlechtsmerkmale einzuprägen, damit beim Erwerb der Tiere keine Überraschungen auftreten. Diese Prüfung ist nicht nur deshalb wichtig, damit sich kein unerwünschter Nachwuchs in einer Männchengruppe einstellen kann und Rangordnungskämpfe eingedämmt werden können, falls sich in einer Gruppe von Männchen doch ein Weibchen befinden sollte. Das Gleiche gilt natürlich auch für den erhofften Nachwuchs, der sich ausschließlich unter Weibchen oder Männchen nicht einstellen kann.

➤ Degus sind kleine mutige Kerle, und für jedes Abenteuer zu haben.

Geschlechtsreife

Deguweibchen werden in der Regel früher geschlechtsreif als Männchen. Schon im Alter von zwei Monaten können die Weibchen gedeckt werden, während die Männchen häufig erst im dritten Lebensmonat fortpflanzungsfähig werden. Ein etwas später einsetzender Geschlechtstrieb von bis zu einem Monat ist aber nicht ungewöhnlich und gibt keinen Grund zur Besorgnis.

Der weibliche Zyklus und die Paarung

Degus haben ihr Sexualverhalten in der Entwicklung vom Wild- zum Heimtier angepasst verändert. Während sich unsere Degus in der Wildnis in zwei jahreszeitlich bedingten Perioden fortpflanzen, sind sie in menschlicher Obhut fast das ganze Jahr über zur Paarung bereit. Das hängt einfach damit zusammen, dass unsere Heimtiere ein ständig gutes und vielfältiges Nahrungsangebot haben und nicht so abhängig von einer Jahreszeit sind, in der Klima und Nahrungsvielfalt eine Jungenaufzucht ermöglicht. Aus diesen Gründen ist bei den weiblichen Degus kein ganz genauer Zyklus bekannt. Man kann aber davon ausgehen, dass ein Weibchen einmal im Monat paarungsbereit sein kann. Da die Scheide nur unmittelbar vor einer Paarung oder Geburt geöffnet ist und ansonsten fest verschlossen erscheint, lassen sich zyklische Veränderungen am weiblichen Körper nicht beobachten. Man kann zu allen Zeiten das so genannte Aufreiten unter den Degus beobachten, das weder ein Aggressions- noch ein Dominanzverhalten ist, sondern eher eine friedliche Stimmung zum Ausdruck bringt. Das eigentliche Paarungsritual ist ähnlich, doch unterscheidet es sich durch kleine Verhaltensweisen, wie dem Schwänzeln des Männchens bei der Begattung und dem großen Reinigungsritual nach der Paarung, bei dem sich beide Partner ausgiebig die Genitalien putzen.

Zucht

Mein Degu zu Hause

Das trächtige Weibchen und sein Nachwuchs

Degus haben für kleine Nagertiere eine außergewöhnlich lange Tragzeit von fast einem Vierteljahr, wobei man je nach Wurfstärke schon ab dem 85. Trächtigkeitstag mit den Jungen rechnen kann. Hat man den Deckakt erlebt, sollte man sich den Zeitraum der Geburt am Kalender ausrechnen, um für diesen Zeitraum vorbereitet zu sein, wenn man die Geburt erleben will. Zum Ende einer Trächtigkeit muss man auf jeden Fall viel Stress vermeiden. Ungewöhnliche Geräusche oder Veränderungen der Umgebung können einen negativen Einfluss auf das Weibchen und die Geburt haben und sollten vermieden werden.

Trächtige Weibchen haben im Allgemeinen einen erhöhten Wasserbedarf, für den ständig gesorgt werden muss. Wenn man mal davon absieht, dass während einer Trächtigkeit das Futter gehaltvoller und mit vielen frischen Vitaminen angereichert sein sollte und wenig Stress ein Weibchen belasten darf, gibt es verhältnismäßig wenig zu beachten, denn Degus sind noch so natürlich veranlagt, dass Komplikationen kaum zu erwarten sind.

Die Anzahl des zu erwartenden Nachwuchses kann stark variieren und liegt zwischen zwei und zehn Jungtieren. Die durchschnittliche Wurfstärke liegt jedoch bei etwa vier bis sechs Degukindern. Da Degumütter aber nur acht Zitzen haben, kann es bei sehr großen Würfen im Kampf um die Milch auch zu sterbenden Jungtieren kommen, wenn sich die stärkeren durchsetzen. Solch ein Vorgang ist zwar nicht schön, gehört aber zum natürlichen Leben, wenn sich durch Auslese gesunde und stärkere Jungtiere durchsetzen. Bei kleineren Würfen macht man selten derartige Beobachtungen.

Das trächtige Weibchen und sein Nachwuchs

Die außergewöhnliche Tragzeit hat auch ihre Vorteile, denn die Jungtiere werden schon sehr weit entwickelt geboren. Unmittelbar nach der Geburt können die kleinen Säuglinge laufen, sie haben ein vollständiges Fellkleid und können mit ihren kleinen Äuglein bereits sehen – im Gegensatz zu anderen Kleinnagern wie Mäusen, Ratten und Hamstern. In den ersten 24 Stunden verbleiben sie meist im Nest, aber schon am zweiten Lebenstag beginnen sie neugierig ihre Welt zu erforschen. Es ist ein beeindruckendes Erlebnis, die Jungen zu beobachten und wenn kein Notfall vorliegt, sollte man aber den Handkontakt noch einige Tage vermeiden, um die Mutter am Nest nicht allzu sehr zu beunruhigen.

Entsprechend ihrer sehr weiten Entwicklung bei der Geburt, ist die Säugezeit nicht allzu ausgeprägt. Bereits nach der ersten Lebenswoche, die man auch als Milchwoche bezeichnen könnte, stillen die jungen Degus ihren Appetit mit der festen Nahrung der Erwachsenen und die Milchmahlzeiten fallen schon geringer aus. In der zweiten Lebenswoche verlassen die Jungtiere schon sehr oft das mütterliche Nest und erkunden immer intensiver ihre Welt. Jetzt ist auch der Zeitpunkt gekommen, dass wir ebenfalls vor lauter Neugierde die kleinen Kobolde in die Hand nehmen können. Diese Phase ist für die Jungtiere besonders wichtig, weil nun schon das Vertrauen geprägt wird, das sie zu uns Menschen entwickeln. Bei einer artgerechten Pflege werden solche Degus in ihrem späteren Leben kein Problem haben, zahm zu werden.

Eine mir häufig gestellte Frage lautet immer wieder: „Können die Männchen oder das einzelne Männchen während der Jungenaufzucht in der gemeinsamen Unterkunft bleiben?" Diese Frage kann man mit einem klaren Ja beantworten. Ich würde sogar soweit gehen und behaupten, dass das Männchen unbedingt dabei sein sollte. Sehr häufig kann man beobachten, wie die Männchen das Nest für die Jungen bauen und zusätzlich auch noch gute „Kindermädchen" sein können.

Wenn man die Jungtiere nicht behalten möchte, können sie im Alter von vier bis fünf Wochen von der Mutter oder der Gruppe entwöhnt werden, weil sie mit der vollendeten sechsten Lebenswoche bereits selbstständig sind. In diesem Fall kann man, wenn sich die Möglichkeit bietet, die Jungtiere schon nach Geschlechtern sortieren. Ein gut geführter Zoohandel wird bei Abnahme der Jungtiere diese nach Geschlechtern trennen wollen.

Möchte man aber die Jungtiergruppe behalten, so muss man sehr genau auf die Entwicklung der Männchen aufpassen. Schon in diesem frühen Alter kann es zu Rangordnungskämpfen unter den Jungen, wie auch mit den älteren Männchen kommen. Die Kämpfe sind nicht immer ungefährlich und können schon mal zu Verletzungen führen. In solchen Situationen sind vorübergehende Trennungen unausweichlich.

Nützliche Adressen im Internet

www.nager-info.de
www.deguwiki.de
www.degus-online.de
www.deguhilfe-sued.de
www.tierschutzbund.de
www.zzf.de

(Der Verlag ist für den Inhalt der Links nicht verantwortlich!)

Impressum

Hinweis
Die in diesem Buch enthaltenen Empfehlungen und Angaben sind von den Autoren mit größter Sorgfalt zusammengestellt und geprüft worden. Eine Garantie für die Richtigkeit der Angaben kann aber nicht gegeben werden. Autoren und Verlag übernehmen keinerlei Haftung für Schäden und Unfälle. Der Leser sollte bei der Anwendung der in diesem Buch enthaltenen Empfehlungen sein persönliches Urteilsvermögen einsetzen.

Bibliografische Information der Deutschen Nationalbibliothek
Die Deutsche Nationalbibliothek verzeichnet diese Publikation in der Deutschen Nationalbibliografie; detaillierte bibliografische Daten sind im Internet über http://dnb.d-nb.de abrufbar.
Das Werk einschließlich aller seiner Teile ist urheberrechtlich geschützt. Jede Verwertung außerhalb der engen Grenzen des Urheberrechtsgesetzes ist ohne Zustimmung des Verlages unzulässig und strafbar. Das gilt insbesondere für Vervielfältigungen, Übersetzungen, Mikroverfilmungen und die Einspeicherung und Verarbeitung in elektronischen Systemen.

© 2006, 2016 Eugen Ulmer KG
Wollgrasweg 41, 70599 Stuttgart (Hohenheim)
Internet: www.ulmer-verlag.de
Umschlaggestaltung: Verlag Eugen Ulmer
Druck und Bindung: Litotipografia Alcione, Lavis
Printed in Italy

ISBN 978-3-8001-0845-9

Bildnachweis:
Titelbild: Tierfotoagentur.de/J. Hutfluss; Michael Kürschner: Seite 26 Mitte; Dr. Jürgen Schmidt: Seite 56-57; Alle anderen Bilder: Christine Steimer